CAUSERIES

SUR LA

DIRECTION DES ARBRES A FRUITS

Par V. JOURNET.

SAINT-DIÉ,

IMPRIMERIE ET LITHOGRAPHIE DE ED. TROTOT.

1867.

CAUSERIES

SUR LA

DIRECTION DES ARBRES A FRUITS.

SAINT-DIÉ,

IMPRIMERIE ET LITHOGRAPHIE DE ED. TROTOT.

—

1867.

COMICE AGRICOLE DE L'ARRONDISSEMENT DE SAINT-DIÉ.

Séances des 5 Mai et 2 Juin 1867.

PRÉSIDENCE DE M. BLONDIN.

CAUSERIES

SUR LA

DIRECTION DES ARBRES A FRUITS

PAR V. JOURNET.

Chacun aime à soigner son jardin, mais s'effraie des théories compliquées de l'arboriculture.

J'ai reconnu que cet art si agréable était encore plus simple qu'attrayant. Aussi, pour le vulgariser, j'ai réuni en quelques notes tout ce qui me semble nécessaire à l'amateur de jardins, c'est-à-dire mes observations sur la sève, l'œil et la forme de l'arbre.

Lorsqu'un chirurgien va faire une opération, il a longuement étudié d'avance les parties sur lesquelles il va opérer ; de même l'arboriculteur doit avoir des notions sur l'organisation des sujets qu'il est appelé à traiter.

Celui qui saurait d'une manière certaine comment se produit la vie dans les arbres, arriverait par le simple raisonnement à connaître les vrais principes de la taille.

Mais ce secret n'appartient qu'à Dieu, et il n'est permis à l'homme que de soulever un coin du voile pour voir quelques détails de ce magnifique ensemble.

Un fait à constater, c'est que l'arboriculture n'a pas posé de principes pour guider le praticien.

Chacun est venu apporter ses observations plus ou moins exactes sans remonter aux causes. On a fait bien des livres, sans faire avancer beaucoup la question.

Pour moi, je vais faire mon possible pour apporter ma pierre à l'édifice, et vous exposer, le plus simplement que je pourrai, les idées que je me suis faites sur la conduite des arbres, idées qui, mises en pratique, se trouvent confirmées par ma longue expérience.

Je crois inutile de vous donner la description physiologique de la constitution des arbres; on la trouve dans tous les livres traitant de cette matière ; mais je m'arrêterai sur la sève et sur le rôle qu'elle remplit dans la végétation, parce que c'est le seul point à bien connaître.

Vous le savez, Messieurs, l'arbre est composé de deux parties bien distinctes : la partie souterrraine et la partie aérienne. L'une végète sous terre, sans le contact de la lumière ; se développe horizontalement ; se couvre d'une infinité de radicelles ou spongioles, qui, tout en fixant l'arbre dans le sol, servent en même temps à absorber l'eau saturée des sels terreux et matières assimilables, lesquels combinés avec les gaz de l'atmosphère, constituent les végétaux. Ce liquide s'appelle la *sève*.

La partie aérienne ne vit qu'au milieu de l'air et de la lumière, s'élève verticalement, et se couvre de gemmes dans toutes ses parties.

Si nous considérons l'arbre dans tout son développement, garni de tous ses yeux, étalant toutes ses feuilles, nous aurons là un appareil d'une immense surface.

Si nous plaçons cet arbre dans un milieu assez sec pour qu'il puisse perdre de son humidité, cette grande surface perdra par l'évaporation une quantité considérable d'eau, et si cette eau perdue par l'évaporation n'est pas remplacée, l'arbre sèche et meurt, comme l'herbe qui n'est plus attachée au sol.

Mais comme l'arbre continue à vivre, il faut qu'il s'alimente à une source constante pour remplacer l'eau évaporée : c'est le but que remplit la partie souterraine.

Voilà l'explication que je me suis faite de la circulation.

Le rôle de la partie souterraine est donc d'absorber, dans le sol, l'eau chargée des matières assimilables; la partie aérienne est destinée à évaporer cette eau qui a facilité le transport de ces matières, pour les faire arriver dans toutes les parties de l'arbre.

Vous devez comprendre que ces deux parties, essentielles l'une à l'autre, doivent être constamment en harmonie; que l'une devant suffire à la consommation de l'arbre, si les moyens d'évaporation augmentent, les moyens d'absorption doivent se développer. Si vous retranchez une partie de la surface évaporante dans un arbre en pleine végétation, vous empêchez l'absorption, et les spongioles ne remplissent qu'une partie de leurs fonctions. Enfin, si vous faites des suppressions trop radicales, vous paralisez les fonctions de la partie souterraine, et votre arbre devient languissant ou périt.

Toute l'arboriculture est, à mon avis, dans ces simples notions. En effet, voulez-vous un arbre d'une grande dimension, développez sa surface évaporante; voulez-vous que votre arbre ait de petites dimensions, de manière à le cultiver en pot par exemple, empêchez ses racines de se développer, en leur limitant l'espace, et l'arbre ne prendra qu'un accroissement en rapport avec son développement souterrain.

Vous pouvez donc, à volonté et selon vos besoins, agir sur la partie aérienne ou sur la partie souterraine, pour donner à votre arbre le développement qu'il vous conviendra, à la place qu'il doit occuper.

Ne voulant vous parler qu'au point de vue pratique, j'ai écarté toutes les théories qui se sont produites au sujet de la sève :

Si le vide produit par l'évaporation est rempli par la pression de l'air sur la sève jointe à la capillarité et à l'endosmose; s'il y a une sève ascendante et descendante; si, combinée avec les gaz de l'atmosphère, et par l'effet de la lumière, elle se transforme en cambium, toutes ces notions indispensables au physiologiste sont sans nécessité absolue pour la majeure partie de ceux qui cultivent les arbres. Je me débarrasserai donc de toutes les théories, pour ne vous parler que de la sève et de son rôle dans la végétation.

D'après ce qui précède, nous voyons que l'arbre peut être comparé à un ensemble de tuyaux communiquant au sol par une infinité de petits tubes qui y puisent la sève liquide, la conduisant au tube principal le tronc, lequel la fournit aux branches, tuyaux secondaires qui, à leur tour, la font arriver aux mille ramifications.

Vous ferez avec moi la remarque que l'ordre qui préside à la partie souterraine, est le même que celui de la partie aérienne; que l'une absorbe ce que l'autre est chargée d'évaporer; que si l'appareil d'évaporation est très-puissant, comme dans les arbres d'une grande dimension, tout est en rapport, racine, tronc, branches, etc., et si, par une cause quelconque, l'une ou l'autre de ces deux parties est arrêtée dans son développement, l'autre suit la même loi.

Vous pourrez donc conclure de ce rapport constant, que si, d'un arbre en pleine végétation, on retranche, soit à la partie souterraine, soit à la partie aérienne, une portion de leur charpente, vous rompez l'harmonie qui doit exister.

Vous voyez par ce qui précède, que la taille est un moyen dangereux de conduire les arbres; qu'il faut l'appliquer avec de grandes précautions pour ne point apporter de trouble dans la végétation; qu'il faut empêcher ces accroissements de charpente qu'on est forcé de retrancher plus tard; et que les opérations doivent se faire autant que possible à l'état herbacé, pour ne pas développer inutilement la charpente souterrraine; et que si, par ignorance ou manque de temps, ou pour toute autre cause, on a laissé développer la charpente, il faut agir avec beaucoup de prudence, en s'y prenant à plusieurs fois, pour ne pas causer un trop grand trouble dans la circulation, porter toute son attention sur l'extrémité des branches; car les parties jeunes, ayant les pores très-ouverts, la sève s'y porte en grande quantité.

Ces idées biens comprises, vous suffiraient pour vous guider dans les opérations que vous aurez à faire : c'est le résumé de ma longue pratique.

Je ne vous ai parlé jusqu'à présent de la sève que sous le rapport de la circulation, sans vous indiquer le rôle qu'elle remplit dans la végétation. Vous la voyez circulant par mille canaux dans toutes les parties de l'arbre, sans apercevoir le but de cette circulation.

C'est ce que je me propose de vous exposer, si toutefois mes occupations me le permettent, dans la réunion du mois prochain où j'appellerai votre attention sur ce bourrelet qui se trouve pour ainsi dire semé sur toutes les parties de l'arbre qu'on appelle germe ou œil, et qui, développé, prend le nom de bourgeon. Je terminerai par traiter de la forme à donner aux arbres, laquelle est loin d'être arbitraire.

2 *Juin* 1867.

Messieurs,

Dans notre premier exposé, nous avons dit que l'arbre, en se développant, se couvre sur toute sa surface de petits bourrelets, plus ou moins gros, qu'on appelle *gemmes, œils* ou *bourgeons,* selon l'état de leur avancement.

Le gemme peut rester à l'état latent tant qu'il n'a pas à sa base des feuilles, lesquelles lui servent pour ainsi dire de poumons. Il lui faut, pour grandir, les trois principaux éléments de la végétation : la sève, l'air et la lumière. Comme la graine confiée à la terre, qui attend le concours de tout ce qui est nécessaire à sa végétation, le gemme ne se développe aussi que lorsque ces conditions sont remplies. On peut donc comparer le gemme à la graine ; l'un et l'autre peuvent produire un arbre complet, avec la différence que le gemme donne un sujet reproduisant l'espèce sans mélange et dans toute sa pureté; tandis que la graine subit l'influence du milieu dans lequel elle a pris naissance, et peut produire des variétés. Si l'un trouve à sa portée la sève amenée par la circulation, il n'a pas besoin d'appareil souterrain; l'autre, en végétant, développe un appareil complet pour pouvoir vivre. Mais l'un et l'autre peuvent vivre indépendants de ce qui les entoure, ayant leur existence propre et s'emparant de tout ce qui est à leur portée pour croître et s'augmenter.

Le gemme est donc une espèce de graine qui, à l'état latent, profite des circonstances favorables pour se développer, absorbant au passage de la sève tout ce qui peut lui être utile, sans s'occuper s'il nuit à ce qui est autour de lui. Aussi voit-on s'accroître outre mesure ceux qui, les mieux placés, peuvent vivre au dépens des autres; on les a nommés *gourmands*. Ils ont un empâtement très-large, l'écorce lisse, une végétation vigoureuse; ils augmentent rapidement leur surface évaporante et absorbent beaucoup de sève; enfin produisent beaucoup de bois, jamais de fruits.

Lorsqu'on veut former un jeune arbre dans une direction arrêtée à l'avance, il faut donc favoriser le germe ou les gemmes dont on veut se servir pour réaliser cette forme; arrêter ceux qui sont inutiles, et porter toute son attention à ne pas créer des canaux séveux plus grands aux uns qu'aux autres, afin d'arriver à la symétrie, et de ne pas augmenter inutilement l'appareil d'évaporation, qu'on serait forcé de retrancher plus tard.

J'insiste sur cette observation pour bien faire comprendre que la forme doit être donnée au jeune arbre dans sa première année de greffe. Si, par ignorance, on laisse la jeune greffe s'élever sans soins, la sève se portant à la partie supérieure, comme nous l'avons déjà dit, annule les œils du bas qui restent à l'état latent, et, plus cette greffe est âgée, plus on a de difficulté à faire développer les œils nécessaires à la charpente, par la raison que l'écorce durcissant en proportion de l'âge, vous aurez d'autant moins de chance de réussir que la greffe sera moins jeune.

Je vous répéterai ici ce que j'ai déjà dit au sujet de la sève. Vous pouvez opérer sur l'œil comme vous pouvez opérer sur l'arbre; vous pouvez augmenter ou diminuer son développement, soit en agissant sur les canaux séveux, soit en agissant sur la partie évaporante, en l'augmentant ou en la diminuant.

Les gemmes, en se développant, donnent naissance aux feuilles qui leur servent pour ainsi dire de poumons, et c'est en ce moment qu'on les appelle œils; et, selon la sève qu'on met à leur disposition, les gemmes deviennent œils à bois ou œils à fruit.

On a remarqué que l'œil, qui est placé pour que la sève lui arrive en abondance, entouré d'air et de lumière, végète avec grande vigueur et se développe toujours à bois; c'est ce qu'on peut voir à l'extrémité des branches où l'appareil d'évaporation croît avec vigueur, absorbe beaucoup de sève, laquelle abandonne presque toujours les œils de la base pour se porter sur ceux des extrémités. Si l'on ne ferme, pour ainsi dire, ce robinet d'écoulement, la sève s'échappe, et les œils de la base des branches sont annulés et restent à l'état latent.

On a fait aussi la remarque que, lorsqu'on empêche la sève de se porter en trop grande quantité aux extrémités des branches, en ne laissant pas trop s'accroître la surface évaporante, on la force pour ainsi dire à marcher lentement en fermant en partie le robinet d'écoulement. Tous les œils semés sur cette branche reçoivent la sève nécessaire à leur végétation; et si l'air et la lumière arrivent en quantité suffisante, une partie se couronne de feuilles et se met à fruit.

De ces deux observations et de tout ce qui précède, on peut conclure que si l'arboriculteur veut produire du bois pour former la charpente, par exemple, ou développer sur un point des parties évaporantes pour rétablir un équilibre rompu, il doit favoriser les œils sur lesquels il veut agir. Mais s'il veut produire du fruit, il empêchera un trop grand accroissement des œils, à l'extrémité des branches surtout; répartira sa sève afin de les développer tous sans excès, et leur donnera l'air et la lumière pour les conduire à la fructification.

Pour me résumer en peu de mots, je vous dirai, Messieurs, que je considère le gemme comme l'être essentiel; que lui seul donne un arbre exactement semblable au sujet sur lequel il est né; que c'est de lui que l'arboriculteur doit le plus spécialement s'occuper;

que c'est sur lui qu'il portera toute son attention et ses soins pour le diriger dans le but qu'il veut remplir; qu'il peut à volonté l'augmenter ou le diminuer; lui faire produire du bois ou du fruit; que l'arbre n'est qu'un appareil, qu'un moyen pour faire parvenir à sa portée ce que la graine trouve dans le sol; et que, de sa direction plus ou moins bien comprise, dépend la récompense des soins qu'on s'est donnés.

On peut donc établir en principe que lorsqu'un arbre a une végétation trop active, si on laisse la sève se porter à l'extrémité des branches, il ne produit que du bois.

Lorsque, au contraire, sa végétation est bien en rapport avec son développement, si la symétrie et l'équilibre sont en harmonie dans toutes ses parties, si les œils sont également favorisés par leur position, par l'air et la lumière, l'arbre produit du fruit.

DE LA FORME.

Nous avons déjà indiqué que de la position plus ou moins avantageuse des œils dépend leur développement; qu'il est indispensable, pour qu'ils végètent également, que l'air et la lumière leur soient également distribués.

Quelle est donc la forme qui réalisera toutes ces conditions ?

Lorsqu'on examine la végétation d'une graine d'arbre, on voit, quand elle sort de terre, qu'elle pousse verticalement; qu'elle a ses germes placés symétriquement et recevant également l'air, le soleil et la sève. Voilà la véritable condition à remplir : symétrie complète, œils placés dans les mêmes positions, jouissant également de l'air et de la lumière. C'est là la véritable forme enseignée par la nature, ce grand livre ouvert à tous ceux qui savent le consulter. C'est la forme verticale, cette forme la seule qui satisfasse aux principes que nous avons posés, la seule qui soit d'accord avec ce qui se passe dans la végétation.

Que voit-on, en effet, lorsque, par une cause quelconque, on empêche le jeune arbre de s'élever verticalement, et qu'on en courbe l'extrémité, par exemple. On voit l'œil, placé à la partie supérieure, reprendre la verticale pour continuer la charpente, sans s'occuper de la position moins favorisée qu'on a fait prendre aux autres parties.

Si l'on empêche la lumière d'arriver sur une jeune pousse, elle se penche pour éviter l'obstacle, et, aussitôt qu'il a été dépassé, cette pousse reprend son ascension verticale.

Vous le voyez, quelque position que vous donniez à

une branche, aussitôt qu'elle pourra s'affranchir de toute contrainte, elle reprendra la position verticale que la nature lui a assignée.

Pourquoi alors cette lutte de l'homme contre les lois de la nature? Pourquoi force-t-il l'arbre à prendre suivant son caprice des formes entièrement en opposition avec les lois de la végétation? Aussi, de la part de l'arbre, quelle résistance, quelle révolte continuelle, pour revenir au rôle qui lui est assigné! Que de travail et de temps on dépense inutilement pour forcer des sujets à cette torture sans fin, pour les voir finir souvent par y succomber!

Quelques arboriculteurs font prendre à la branche une position horizontale.

Dans cette forme, à moins d'une grande habileté, d'une attention continuelle, on voit les œils de la partie inférieure de la branche presque totalement annulés, tandis que ceux de la partie supérieure, plus favorisés, s'emparent de la sève, végètent avec vigueur, et finissent par déformer la branche, en prenant le caractère des *gourmands* dont nous avons déjà parlé, à moins que, par des opérations répétées et faites à temps, on n'en arrête le développement. Mais comme les canaux séveux sont formés, la végétation y reste très-active; il se produit un empâtement sur la branche, qui donne naissance à de nombreux rameaux, exigeant une attention et un travail très-suivis pour les maintenir.

Si, de l'examen de la position horizontale et des inconvénients qui en résultent, on passe à celui de la branche plus ou moins inclinée, on remarque que ces inconvénients diminuent à mesure qu'on s'approche de la verticale, qu'ils cessent quand elle est placée dans cette position, et ne donnent plus d'embarras à l'arboriculteur, qui n'a plus à craindre ces productions anormales, dues à la position plus avantageuse de quelques œils.

C'est donc d'accord avec le raisonnement et le résultat de mes observations sur la nature, que j'ai adopté la forme verticale. Elle me permet d'occuper peu d'espace, tout en bien développant mon appareil d'évaporation, de cultiver un grand nombre d'arbres, tout en simplifiant le travail de cette intéressante culture.

Si je voulais m'étendre, je comparerais les avantages de la forme verticale avec ceux de la forme plus ou moins inclinée; je compterais le temps et les soins que demande chacune de ces cultures; mais je m'arrête, et je vous dirai seulement quelques mots sur la manière dont je m'y prends pour obtenir la forme verticale, telle que je la pratique depuis trente ans, et comme j'en ai donné le dessin dans la lettre que j'ai écrite au Comice le 6 décembre 1857.

Lorsque mon sujet est greffé, je pince la flèche quand elle a 30 centimètres de hauteur environ, afin de faire bien développer les œils de la base, j'égalise la végétation par le pincement des œils les plus forts, de manière à développer également leurs canaux séveux, et avoir un égal empâtement sur la tige. Chaque œil doit vivre de sa vie propre, sans bifurcation et tout à fait indépendant, comme un tube destiné à absorber la même quantité de liquide à un réservoir commun. Il faut, autant que possible, que les œils soient tous placés à la même hauteur, pour être dans les mêmes conditions d'absorption. Je conduis chaque branche à la place qu'elle doit occuper, en pinçant les branches qui ont moins de longueur à parcourir, et, dès ce moment, je les élève perpendiculairement, en conservant à toutes les branches la même force, la même hauteur, le même nombre d'œils; en les faisant tous également se développer, de sorte que, dès la même année, mon arbre est formé. Je n'ai plus qu'à maintenir un développement égal de chaque branche. Le dessin ci-joint vous donnera l'idée de l'arbre tout formé. Le nombre de branches à lui donner sera en rapport avec la place qu'il doit occuper; car je vous ai indiqué le moyen de l'augmenter ou de le diminuer pour le faire tenir dans la place qui lui aura été assignée.

Je vous ai fait observer que la partie supérieure, absorbant beaucoup plus de sève que la partie inférieure, la seule précaution à prendre est de développer également les œils par des pincements bien appliqués. Cela vous conduira à ne pas augmenter trop rapidement votre charpente, afin de donner une sève suffisante aux œils placés plus bas. Toute votre attention devra donc se porter sur les œils qui, par leur développement, empêcheraient l'équilibre de la sève, et rompraient l'harmonie de la surface évaporante, qui doit être la même partout.

Si je voulais prolonger ces indications, je n'aurais qu'à exposer tout ce qui a été écrit sur le terrain; sur l'exposition à choisir pour votre jardin; sur la fumure, les labours, la plantation, le greffage; sur les pincements, les soins à donner à la floraison et ceux que nécessite la croissance des fruits; sur la cueillette et la conservation de ces fruits, etc., etc. Tout cela n'est que des redites mille fois répétées. Mais, si vous ne cultivez pas vous-mêmes les sujets à greffer, j'insisterai pour que vous n'achetiez que des greffes d'un an, surtout pour les fruits à noyaux.

La végétation de ces sujets étant très-active, la sève se porte vivement à la partie supérieure, les écorces se durcissent, et on a beaucoup de peine à faire développer les œils de la base. Cette difficulté est d'autant plus grande que l'arbre est plus âgé.

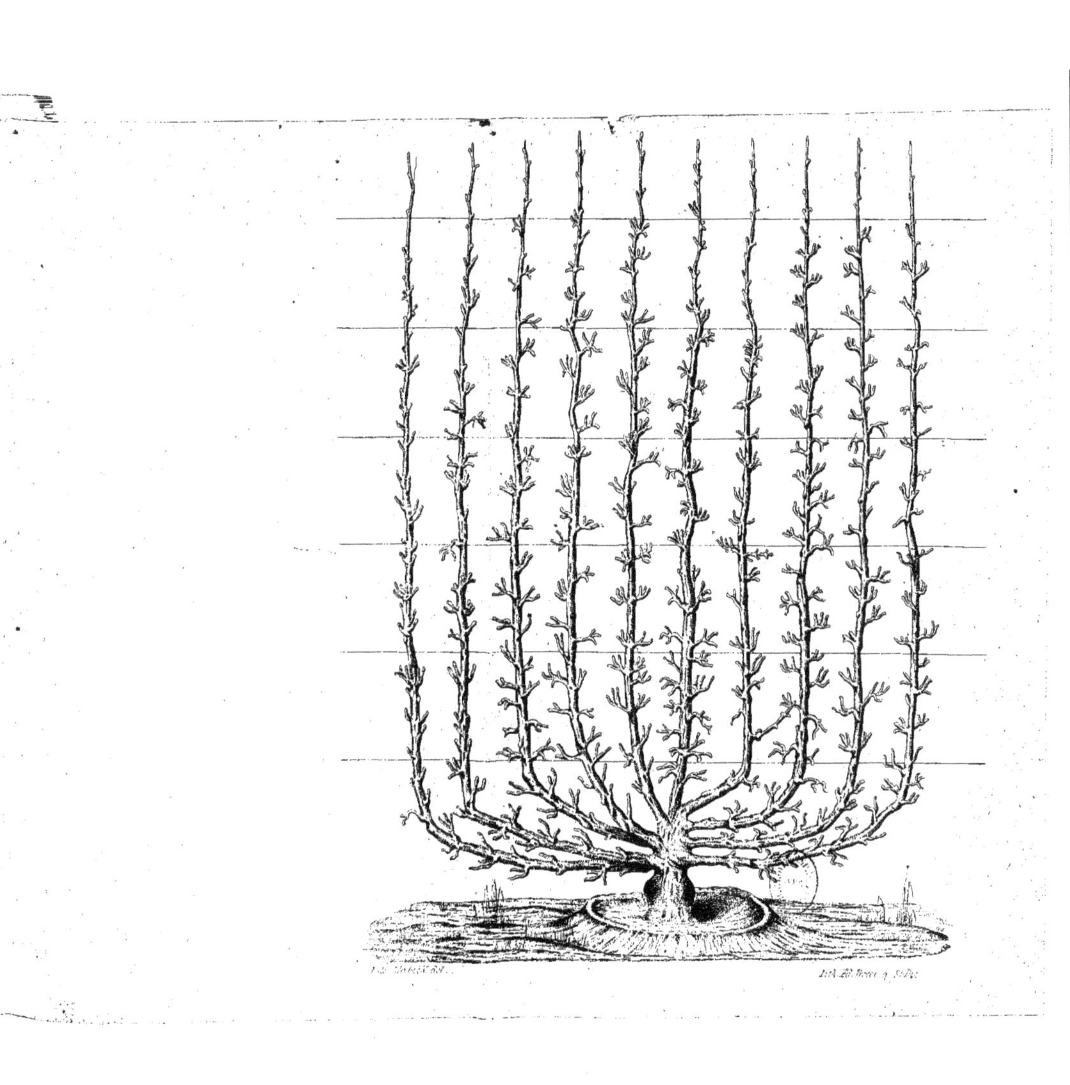

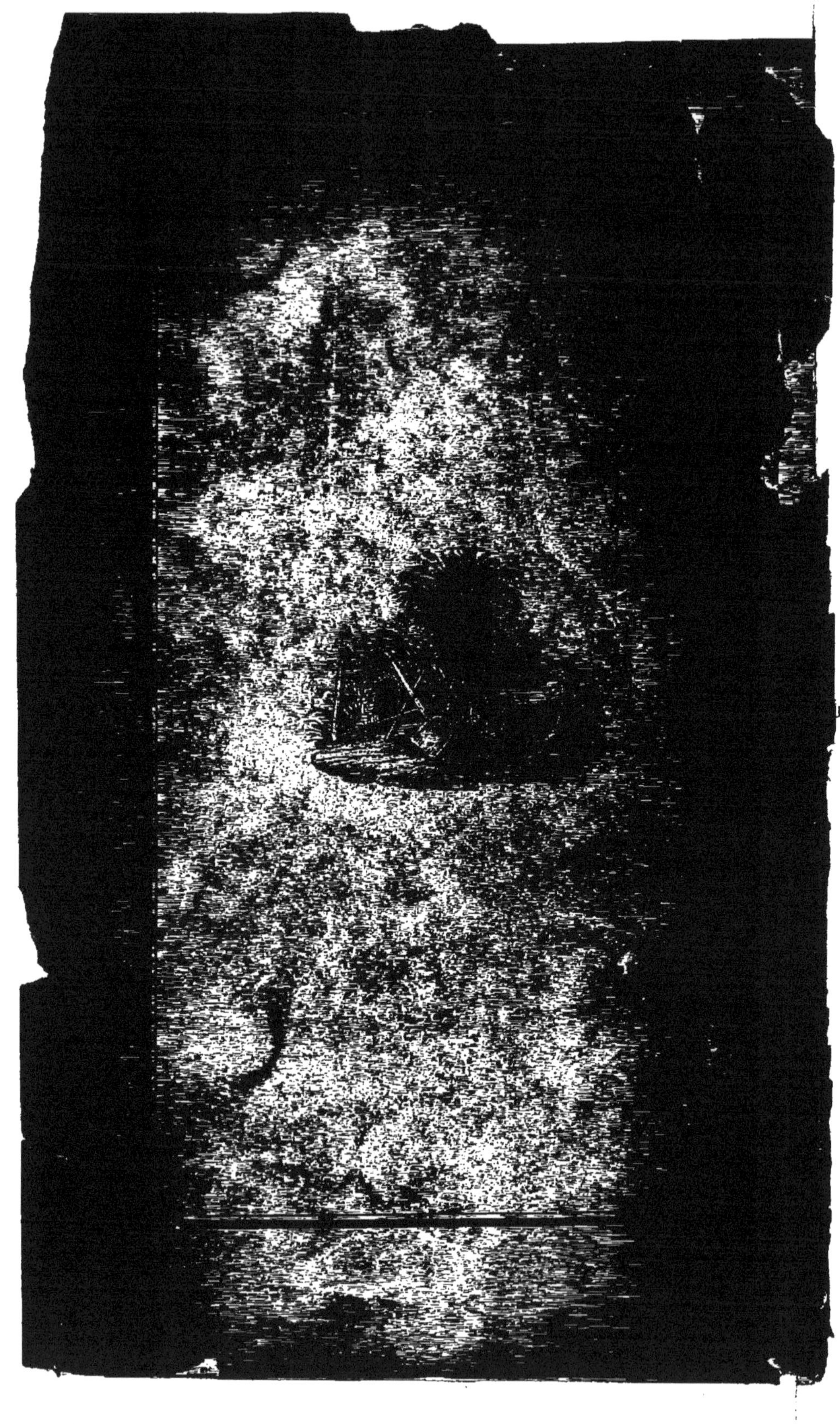

www.ingramcontent.com/pod-product-compliance
Ingram Content Group UK Ltd.
Pitfield, Milton Keynes, MK11 3LW, UK
UKHW021037200726
13857UKWH00005B/1781

9 782011 924025